讲给孩子们的科学思维课

去挑战！
太空任务

〔韩〕田恩知 著 〔韩〕金多贞 绘 戈 蕴 译

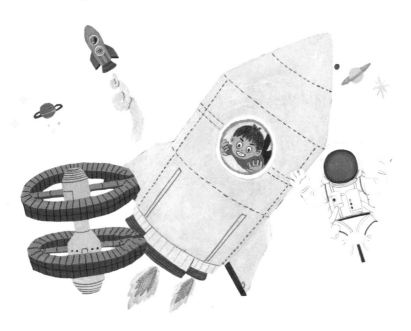

河南科学技术出版社

·郑州·

备案号：豫著许可备字-2021-A-0170

图书在版编目（CIP）数据

去挑战！太空任务 /（韩）田恩知著；（韩）金多贞绘；戈蕴译.—郑州：河南科学技术出版社，2022.6
（讲给孩子们的科学思维课）
ISBN 978-7-5725-0770-0

Ⅰ.①去… Ⅱ.①田… ②金… ③戈… Ⅲ.①空间探索–少儿读物 Ⅳ.①V11–49

中国版本图书馆CIP数据核字（2022）第056898号

出版发行：河南科学技术出版社
　　　　　地址：郑州市郑东新区祥盛街27号　　邮编：450016
　　　　　电话：（0371）65788613　　65788642
　　　　　网址：www.hnstp.cn
责任编辑：慕慧鸽
责任校对：臧明慧
封面设计：张　伟
责任印制：宋　瑞
印　　刷：河南博雅彩印有限公司
经　　销：全国新华书店
开　　本：720 mm×1020 mm　1/16　印张：8.75　字数：80千字
版　　次：2022年6月第1版　　2022年6月第1次印刷
定　　价：49.80元

如发现印、装质量问题，影响阅读，请与出版社联系并调换。

写给对宇宙充满好奇的地球小朋友们

距离人类1957年首次向太空发射第一颗人造卫星已经过去60多年了。在那之后，人类又向太空发射了更多功能更强大的人造卫星，并把人类送上月球，建立空间站，将宇宙飞船送到太阳系之外的地方，等等，达成了一系列壮举。通过这些探索，人类对宇宙有了一定的了解。

2011年，"朱诺号"探测器发射升空，前往木星进行探测。它的标语是"Into the Unknown"，可以翻译为"去往未知之地"。虽然在60多年间我们通过各种各样的太空任务积累经验，对宇宙有了许多新的认识，但更多的仍是未知。如果将我们已知的信息和未知的信息区分开来看，我们就会发现，未知的仍然比已知的要多得多。正因如此，美国国家航空航天局（NASA）的科学家们才会给穿越浩渺宇宙去往木星进行探测的

哈勃望远镜抓拍到的螺旋星系

"朱诺号"探测器赋予"去往未知之地"这个标语。

而我们也希望更进一步地了解宇宙。

探寻未知，需要经历漫长的旅程。面对神秘未知的宇宙，人们从最开始的想象，到不断寻找通天之路来进一步接近宇宙，再到制造宇宙飞船并踏上这条道路，在这漫长的过程中，需要无数科学家和工程师的努力与合作，以及国家和社会的支持。

然而，在我们探索宇宙的过程中，并不是每一次探索都能够以成功收尾，在经历漫长的准备过程后最终失败的情况时有发生。失败是痛苦的，但我们并没有因此一蹶不振。总结完失败带来的经验、教训，我们又要开始规划新的太空任务。这就是人类书写至今的太空探索历史。

现在我想讲给大家听的，就是关于人类漫长的太空探索之旅的故事。哪怕失败100次，我们也绝不放弃；哪怕终于在第101次取得了成功，我们也不会就此停滞不前，而是再次踏上探索的征途。

现在，就让我们开始这令人惊叹的冒险之旅吧！

田恩知

目录

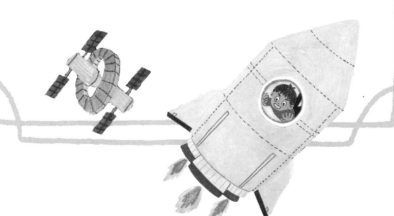

去往至今无人
探索之地

对宇宙的好奇

抬起头，让我们看一看天空吧。在那漫无边际的遥远的天空中，白天有太阳，夜晚则会有星星和月亮。云朵飘浮在空中，偶尔会暂时遮住太阳、月亮和星星，但它们都始终高高地挂在天空中的某一处。

我们称之为天空的那个空间到底长什么样子？天空中的太阳、月亮和星星为什么会发出光芒？天空会有尽头吗？天空离我们有多远？我们可以摸到天空吗？如果朝着天空一直向前走，会发生什么？天空之外又会有怎样的世界？

你一定也对这些问题有所好奇吧？除了你我之外，还有许许多多的人也一直怀有这样的好奇心。究竟天空的另一边会有什么？会充满繁星吗？会有好多个太阳和月亮吗？又或者会有像我们一样的生命体聚在一起，生活在太空的某个地方吗？

由于至今还没有人曾去过天空的另一边，所以我们无从得知

准确的答案，自然也就无法知道那里究竟有什么。

不过，没有去过"天空的另一边"不代表我们对它毫无了解。我们生活在地球上，也能使用各种各样的设备来观测太空中的天体，通过这些天文观测结果，我们学到了很多知识。

正是通过天文观测，人们在进入太空之前就已经知道了太阳系的存在，也知道了地球是围绕太阳旋转的，月亮是围绕地球旋转的。我们还知道，在太阳系中除了地球以外，还有别的行星。知道太阳是太阳系中唯一的巨大恒星，而水星、金星、地球、火星、木星、土星、天王星、海王星这些行星都在太阳周围，围绕

太阳系

着它旋转。

从上页图片上我们可以清楚地看见地球在太阳系中所处的位置。地球是位于金星和火星之间的一颗非常小的行星。

在宇宙中，太阳系以外还另有天地。太阳系属于银河系，而银河系中有1 000亿～4 000亿颗恒星。也就是说，像太阳这样的恒星在我们太阳系仅有1颗，但在银河系中有1 000亿～4 000亿颗。如果再加上每颗恒星周围的行星和卫星，宇宙中存在的天体之多，不计其数。

除去我们不必亲身所至就能知道的这些太空知识外，还有许多太空知识是我们人类不去探索就无从得知的。因为人类长久以来都对太空怀有好奇心，想有进一步的了解，也正是在这种持续千百年的好奇心的驱使下，人类逐渐掌握了去往太空的科学技术，而这不过是60多年前的事，是不是也没有我们想象的那么遥不可及呢？

行星和恒星

行星是指像地球或火星这样分布在恒星周围，围绕恒星旋转的天体。恒星则是指像太阳一样，核心温度达到1 000万℃以上，并且能够自体发光的天体。

亲身所至才能有所发现

出于对太空的好奇，科学家们下定决心要去往太空，就这样开启了太空任务。大家听说过太空任务吗？太空任务可理解为人类将卫星、机器人、宇宙飞船等搭载在运载火箭上，运送到太空中去探索未知。到地球之外的宇宙空间里亲身探索并解开宇宙的秘密，是艰难而又令人激动的探险任务。

苏联

旧国名，位于欧洲东部和亚洲北部。1922年底，俄罗斯、乌克兰、白俄罗斯和外高加索联邦4个苏维埃社会主义共和国组成苏维埃社会主义共和国联盟，简称"苏联"。以后爱沙尼亚等加入，共由15个加盟共和国组成。1991年12月，苏联正式解体。

1957年，苏联的第一个太空任务——绕地球运转的人类首颗人造卫星"斯普特尼克1号"（Sputnik-1）发射成功，宣告了人类航天时代的来临，人类至今已经完成了多次太空任务。人类首先到访了离地球比较近的宇宙空间，也就是我们的太阳系。我们已经在月球、水星、金星、火星、木星、土星、天王星、海王星，以及一些小行

银河

星上进行了太空探索。

　　像这样离开地球，飞往太空，在太空中进行的一次又一次的探索都叫作太空任务。我们在将航天器送往太空之前都会提前设定好目的地，比如说去往月球、火星，抑或是太阳系之外的更遥远的地方。除了能到达目的地以外，航天器还需要明确到达目的地后要做些什么，这些要做的事就是太空任务中的子任务。

　　而执行这些任务的人就是航空航天工程师们，也就是研究如何往太空中发射航天器的人。我就是一名航空航天工程学者。

　　要想制造在太空中飞行的宇宙飞船、卫星等各类航天器，航空航天工程师们需要掌握很多专业知识。从制造航天器要使用的材料、航天器的重量和形状，到实现航天器与地球进行通信的通信设备，再到提供飞行动力的能源等，航空航天工程师们需要做非常多的准备工作。

上述所有的事情是无法由一个人单独完成的，一个太空任务的完成需要成千上万个人一起合作。在向太空发射载人宇宙飞船时，虽然搭乘宇宙飞船上天的航天员仅有几位，但为了让航天员

安全地脱离地球并进入太空完成任务，再到航天员最后安全返回地球，需要无数科学家和工程师的合作。从某种程度上讲，太空任务就是人类去往从未有人踏足的地方，做从未有人做过的事。

那么，现在大家就和我一起去看看那些神奇而又特别的太空任务吧。准备好了吗？出发！

出发，离开地球！
执行太空任务！

太空旅行的伙伴，人造卫星被发明

"今天是1957年10月4日，我是苏联'斯普特尼克号'项目组长，今天是我和我的同事们筹备已久的'斯普特尼克1号'发射升空的日子。这一天，我们已经等了太久太久。就在今天，我们将震惊世界。"

这是发生在1957年的事。一个装有4根天线，直径为58厘米的球形物体——"斯普特尼克1号"人造卫星，也是世界上第一颗人造卫星被发射升空。"斯普特尼克"在俄语中是"旅行伙伴"的意思。

该怎么理解这颗卫星的大小呢？一个普通篮球的直径是25厘米左右，它的体积相当于一个普通篮球体积的12.5倍，这样说大家大概能估计出它的大小了吧。

科学家们当时的目标就是将人造物体发射到地球之外的太空中。这是因为太空充满未知，如果人类想更好地了解太空，最重

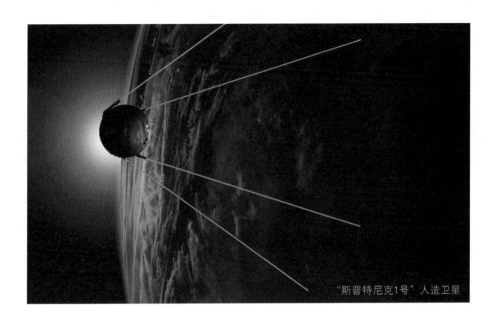

"斯普特尼克1号"人造卫星

要的就是先离开地球。而人类的第一次尝试，就是我们现在所说的"斯普特尼克1号"人造卫星。

1957年10月4日，装载"斯普特尼克1号"人造卫星的火箭伴随着巨大的轰鸣声拔地而起，以极快的速度飞往天空深处，很快就消失在人们的视野之中。你一定要问，人们怎么才能知道"斯普特尼克1号"卫星究竟飞到了太空中的哪个地方呢？

当时的科学家们也有着同样的困惑。深思熟虑过后，科学家们决定在"斯普特尼克1号"人造卫星上安装无线电发射器，也就是给它配备一个简单的装置来发出信号，告诉人们："我在这

里！"这样，"斯普特尼克1号"人造卫星就会在到达预先指定的地点后向科学家们发送信号。

"嘀……嘀……嘀……"

"斯普特尼克1号"人造卫星在安全到达目的地后向地球上的科学家们发送了信号，并在飞离地面92天后坠入大气层被烧毁。就这样，直径58厘米、重83.6千克的"斯普特尼克1号"人造卫星，于1957年10月4日发射升空并成功进入地球轨道，这是人类历史上第一个成功执行的太空任务。

像"斯普特尼克1号"这样被发射到太空，然后围绕地球运行的物体就叫作"人造卫星"，"斯普特尼克1号"人造卫星是人类第一颗人造卫星。我们先来简单了解一下人造卫星吧。卫星是指围绕一颗行星运行的天体，环绕地球运行的月球是地球的卫星。根据"人造卫星"的字面意思，我们就可以推断出人造卫星就是指人工制造的卫星。简单地说，如果我们制造并发射到地球之外的物体会围绕地球运行，那它就是人造卫星。

人造卫星在围绕地球运行时会做很多事情，它可以拍照、侦察地球、观测天气，还能协助通信。我们生活中常用的导航定位技术也是通过人造卫星实现的。今天，虽然我们可以用人造卫星做许多事情，但在1957年，科学家们的工作重点都集中在"将人造物体——人造卫星发射到地球之外的太空中"，即首要目标是使人造卫星先离开地球，飞往太空，还没有考虑到卫星的功能问题。虽然"斯普特尼克1号"人造卫星既没有深入探索太空，也没有完成什么特别的任务，但它却是人类第一个发射到太空的物体，成了人类探索神秘、遥远太空的起点。也正是在1957年，"斯普特尼克1号"人造卫星发射升空后，我们人类才得以开启去往太空的旅程。

"探险者1号"，开启太空探索竞争

"我是'探险者1号'的项目组长，今天'斯普特尼克1号'发射成功。虽然我们的研发工作几近完成，但万万没想到会被'斯普特尼克1号'抢先一步。我们承诺，在3个月内成功发射'探险者1号'卫星，而且一定要成功。"

苏联的"斯普特尼克1号"人造卫星发射升空时，美国的太空任务研究也处在白热化阶段。为了抢先发射人类第一颗人造地球卫星和载人宇宙飞船，双方都在太空研究领域投入了大量的人力、物力和财力。人类要想将人造卫星、宇宙飞船等航天器送入太空，一定会用到一个运载工具——火箭。

在讲火箭之前，我们先思考一个问题：要怎么做才能使物体离开地球呢？假设有一个篮球，我们要想让篮球弹到空中，首先要对着地面用力拍一下篮球。那么，为什么用力拍打篮球，篮球会弹到空中呢？

答案就是弹力克服了地球引力。地球上存在地心引力，也就是把物体往地球中心吸引的力，所以我们需要给物体施加一个比地球引力更大、方向相反的力，这样物体才会向上移动。

我们使用火箭来使航天器离开地球也是因为火箭燃料燃烧产生的推动力能克服地球引力。要摆脱地球引力需要非常大的反作用力，即使在21世纪的今天，去往太空的唯一方法仍然是利用火箭。所以，科学家会先将人造卫星或是宇宙飞船装载在火箭上，然后再发射升空。

"斯普特尼克1号"人造卫星使用的是R-7运载火箭，这是一种两级液体运载火箭。R-7运载火箭能够飞行8 800千米，火箭形似细长的铅笔，主体部分装满燃料，也就是推进剂。火箭尖头处用于装我们要运载的物体，功能相当于汽车的后备厢。"斯普特尼克1号"这样的人造卫星就是被装在运载火箭的这个部分发射到太空中的。

R-7运载火箭示意图

1958年2月1日，美国向太空发射了人造地球卫星。美国科学家们将这个任务命名为"探险者"，意思是"探索宇宙"。装载"探险者1号"人造卫星升空的运载火箭是如左下图所示的"朱诺1号"。

"探险者1号"人造卫星的外形与"斯普特尼克1号"人造卫星不同，"斯普特尼克1号"人造卫星是球形的，而"探险者1号"人造卫星是长长的铅笔形状的，重量也比"斯普特尼克1号"人造卫星轻很多，仅有14千克。

为了更好地探索宇宙，科学家在"探险者1号"人造卫星的头部安装了一些科学探测仪器。

"朱诺1号"运
载火箭示意图

这些科学仪器能够探测卫星所在位置的温度、微流星体（宇宙空间细小的岩石颗粒）对卫星的撞击，以及卫星轨道上的宇宙线强度。"探险者1号"人造卫星就用这些仪器在宇宙中执行了各种探测任务。

根据"探险者1号"人造卫星的探测结果，科学家获得了几项重要发现。其中之一就是发现了范艾伦辐射带。

范艾伦辐射带是像腰带一样包围着地球的高能粒子辐射带。范艾伦辐射带能够阻挡宇宙中的辐射或太阳风，地球上的生命也因此得以安全生存；但范艾伦辐射带内的高能粒子对载人空间飞行器、卫星等有一定危害。在"探险者1号"人造卫星探测到该高能粒子辐射带之前，人类并不知道它的存在。科学家们以当时负责该项研究的物理学家詹姆斯·范艾伦的名字将其命名为范艾伦辐射带。

人类的太空探索旅程不会停止

不论是研究"斯普特尼克1号"人造卫星还是研究"探索者1号"人造卫星的科学家们，都在努力尝试去做一些没有人做过的事情，试图把航天器送入神秘未知的宇宙中去。

面对科学探索道路上的未知世界，面对神秘的宇宙，那时的科学家们是怎样一种心态呢？虽然也会感到陌生和害怕，但还是要踏实地迈出每一步。

举着"探险者1号"人造卫星的科学家们

虽然现在看来，"斯普特尼克1号"人造卫星和"探索者1号"人造卫星都只装有无线通信或是一些简单的探测仪器，没有什么复杂的功能，但在当时的科技水平背景下，把它们发射到太空中本身就是一个巨大的挑战。

探索宇宙的过程中存在着无数的危险因素和失败的可能性，有可能是太空任务在火箭发射阶段就会失败，也有可能是火箭无法将人造卫星送到指定的位置，又或者可能是人造卫星到达了指定位置却因为通信失败而使地面的科学家无法确认其是否发射成功。

即便如此，科学家们还是会预先研究所有可能的失败因素，并尽力去避免。最终，他们收获了成功。

随着科学技术的飞速发展，如今我们的科学家正试图让载人飞船飞得更远，我们能探索的宇宙范围也越来越大。

宇宙有多宽广？我们在宇宙中处于哪个位置？现在我们都还无从得知。科学家们为了得到答案，仍然在努力研究当中。但有一点我们可以确定，那就是以"斯普特尼克1号"人造卫星和"探险者1号"人造卫星拉开序幕的人类太空探索之旅绝对不会停止。

第一个进入太空的动物和人分别是谁？

　　起初开始太空任务时，科学家们无法确认太空旅行对人类来说是否安全，因此，他们决定先将动物送入高空直至太空。第一个被发射到高空中的动物航天员是果蝇。1947年，V-2火箭搭载果蝇离开地球，据说飞到了109千米的临界太空。之后又有流浪狗和猴子曾乘坐火箭离开地球表面，升入高空。1957年，"斯普特尼克2号"宇宙飞船搭载一只名为"莱卡"的小狗进入太空，它是第一只飞上太空的地球动物。

　　人们认为曾是流浪狗的"莱卡"已经习惯了寒冷和饥饿，它的身体素质和抗压能力比普通的小狗要好，应该可以在太空中活下来。"莱卡"在被安装上脉搏和体温测量仪器后进入了狭窄的飞船太空舱内，遗憾的是，它没能在这次太空任务中生还。虽然人们因此得知了生物在飞往太空的过程中会遇到的情况和相应的生理反应，但还是有一些动物保护人士对这一行为进行了批判。在此之后，老鼠、猫、兔子、猩猩等动物也曾被用于太空实验，但随着社会对动物权益重视程度的提高，现在的科学实验已经不会将动物作为太空实验的对象，而是采取用计算机模拟实验的方式来代替。

第一位进入太空的地球人是苏联航天员尤里·加加林。1961年，他搭乘"东方1号"宇宙飞船进入太空，绕行地球。这次旅程从发射到回到地面，共耗时108分钟。世界上第一位进入太空的女航天员是右边照片里的瓦莲京娜·捷列什科娃。她曾经在纺织厂工作，热爱跳伞，后成功转型为女航天员。在宇宙探索开始的前20年间，包括瓦莲京娜·捷列什科娃在内，进入太空的女性航天员只有两名。

后来，越来越多的女航天员进入太空。在电子计算机发明以前，大量复杂的工程计算都是由人工完成和核对的。长久以来，一些能手动计算出火箭飞行路径，被称作"人类计算机"的女性科学家和工程师们为了得到作为航空航天技术人员的正当地位进行了漫长的斗争。如今，不管是男性航天员还是女性航天员，都能参与宇宙探索。

人类第一次登月
——阿波罗计划

为何去往月球

"这是个人的一小步，却是人类的一大步。"

1969年7月20日，人类历史上第一次踏上了月球的土地，这句话就是当时的航天员尼尔·阿姆斯特朗所说的。

进入20世纪60年代，美国和苏联为了抢先一步将人类送上月球，两国都开始投入大量研究经费，此后各个国家在不同时期也都实施了探月计划，探月竞赛拉开帷幕。1961年，时任美国总统的肯尼迪发表演讲，宣布要在1970年前将人类送上月球并安全返回。美国国家航空航天局（NASA）为此获得了大量经费，开始组织实施一系列载人登月飞行任务，实现载人登月飞行和人对月球的实地考察，这就是"阿波罗计划"。

为什么把月球作为人类登陆的第一个地外天体呢？月球是宇

宙空间中离地球最近的天体。距离有多远呢？月球到地球的平均距离大约是38.44万千米。该怎么直观感受这个距离呢？这个距离就大约相当于汽车以时速100千米的速度在高速公路上一刻不停地行驶160天的距离。可见，即使是离地球最近的月球，离我们也是如此的遥远。当然，我们是不会驾驶汽车去月球的，我们会搭乘宇宙飞船，并通过发射运载火箭离开地球。火箭的速度很快，到达月球大概只需要花费几天的时间。

月球是地球唯一的天然卫星，是围绕地球旋转的球形天体。如果天气好的话，我们经常可以在夜空中看见月球。

月球虽然会照亮夜空，但月球本身并不会发光。在月球所处的太阳系内，只有太阳这颗恒星是发光天体，其余的行星、卫

在月球表面行走的巴兹·奥尔德林

星、小行星等都不能自己发光。像太阳一样，由炽热气体组成，能自己发光、发热的天体就是恒星。像地球一样，围绕恒星（太阳）旋转，一般不发光的天体就是行星。而月球是围绕行星（地球）旋转的天体，叫作卫星。

卫星一般也是不能自己发光、发热的。那为什么我们在地球上看到的月亮是亮的呢？这是因为月亮在接收到太阳光后又把光反射到地球，这在我们看来就好像是月亮在发光一样。

反射太阳光的月球

如果月球也能像太阳一样自体发光，那人类就无法在月球表面着陆了，因为它的表面会一直处在燃烧状态。同样的道理，我们是无法在太阳表面着陆的，别说着陆了，哪怕只是靠近太阳都会被燃烧殆尽。

正因为月球与我们相距不远并且肉眼可见，人类自古以来就对月球有着丰富的想象，不同文化背景下的国家有不同的关于月球的故事。

因此，科学家将月球选作人类宇宙旅行的第一个目的地也可以说是一件理所当然的事了。面对神秘的月球，我们所有人都怀有一个疑问，那就是：会不会有谁生活在月球上呢？

目前探测结果显示，月球上没有生命体，因为月球表面过于荒芜贫瘠且没有空气，生命体无法在这里生存。但是月球作为离地球最近的天体，可以成为人类开展宇宙探索的前沿基地。

前面我们讲过运载火箭和地球引力，为了摆脱地球的巨大引力，宇宙飞船必须要搭乘运载火箭才能离开地球。那么，月球作为宇宙探索的前沿基地会有什么优势呢？地球的质量大约是月球质量的80倍，地球的地心引力大约是月球引力的6倍。

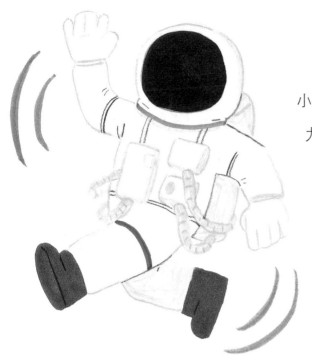

也就是说，因为月球引力小，月球表面"抓住"物体的力比地球要弱很多，这也是为什么尽管航天服很重，登陆月球表面的航天员还是可以在月球表面蹦跳着前行的原因。正因为物体摆脱月球引力比摆脱地球引力要容易得多，人们才会提出将月球作为太空任务的前沿基地。

我们再继续回到几十年前的故事吧。当时美国已成功地将载人飞船发射到地球以外被称为地球轨道的地方，虽然当时也在进行月球探索，但还没有将航天员送至太空的经验。在太空任务中，人类去还是不去太空会给任务带来极大的区别。一旦决定要把航天员送入太空，就必须要保证航天员能够安全返回地球。

太空环境并不适合人类生存，太空中没有氧气、食物和水，温度也是极端寒冷或炙热。因此载人宇宙飞船上要携带的东西非常多，包括氧气、水、食物等人类生存的必需品，还有宇宙飞船返回地球时需要使用的燃料。这样一来，载人宇宙飞船的重量会大大增加，发射载人宇宙飞船也就需要更强有力的火箭。这和发射一颗卫星的难度完全不是一个级别的。

所以阿波罗计划研发的方向主要有两个：一个是研发强有力的巨型火箭，另一个是研发能够帮助载人飞船在月球表面安全着陆的登月舱。

当时美国研发的运载火箭是"土星5号"运载火箭，是由被称作"火箭之父"的沃纳·冯·布劳恩博士及其团队设计研发的。

"土星5号"运载火箭是三级火箭，使用液态燃料。虽然"土星5号"运载火箭是专门为探月任务研发的火箭，但其运载能力已经达到了可以探索火星的强度。1967年至1973年，"土星5号"运载火箭共发射了13次，保持了几乎完美的发射纪录。"土星5号"运载火箭

装载"阿波罗11号"发射升空的"土星5号"运载火箭

的很多指标都是惊人的，至今仍是人类航天史上正式发射过的最大的运载火箭。"土星5号"运载火箭到近地轨道的运载能力达到了140吨，也是迄今为止单次发射能运载的重量最大的火箭。

有了运载火箭，接下来还需要能够让航天员在月球安全着陆的登月舱。然而，要达成最终人类登月的目标，科学家需要制订一个循序渐进的计划。阿波罗计划中，宇宙飞船的任务包括为载人登月飞行做准备和实现载人登月飞行。虽然从"阿波罗7号"宇宙飞船开始就已经开始载人飞往太空，但真正搭载尼尔·阿姆斯特朗登月的其实是"阿波罗11号"载人宇宙飞船。在这之前，"阿波罗号"系列宇宙飞船需要做大量的准备工作，从实现不载人的地球轨道飞行，到从绕地球轨道进入绕月球轨道，再到登月舱下降到月球表面一定高度以内，人类首次成功登陆月球就是在这几项任务尝试成功后实现的。

首次飞临月球的"阿波罗8号"宇宙飞船：挑战不可能

当时人类不要说登陆月球了，就连地球轨道以外的太空都还没有去过，所以实现人类登月目标的首要任务是先把航天员送到更远的地方——绕月轨道。要挑战一项大任务，需要有阶段性的

循序渐进的准备工作。"阿波罗8号"宇宙飞船的任务就是搭载3名航天员进入绕月轨道，然后安全返回地球。

这在当时是一个巨大的挑战。"土星5号"运载火箭的研发工作虽然已经完成，要实现载人还需要更加谨慎、细致的计划。但为了能在1970年前实现载人登月计划，NASA只能冒险执行。1968年12月21日，"土星5号"运载火箭搭载着乘载3名航天员的"阿波罗8号"宇宙飞船发射升空，它从绕地球轨道进入绕月球轨道，任务圆满成功了。

"阿波罗8号"宇宙飞船上的航天员拍摄了在月球轨道上看

见的地球的样子。照片上的地球正从月球的地平线上冉冉升起，就好像在地球上看太阳或月亮升起时一样，出于这个含义，这张照片被命名为"地出"。现在我们在看到这张地球照片时可能会觉得没什么特别的，但在当时，能够从太空中清楚地看见我们所生活的地球的模样，真的是一件非常了不起的事情。

"阿波罗8号"宇宙飞船从地球出发，在绕月飞行几圈后安全返回地球，整个过程耗时6天3小时42秒，最接近月球时距月球表面仅115千米。这是1969年以前人类飞离地球最远的一次飞行，并登上了吉尼斯纪录。

就这样，人类离登上月球的时刻又近了一些。

静海登月

1969年7月16日，"阿波罗11号"宇宙飞船从地球出发了，上面载有尼尔·阿姆斯特朗、迈克尔·科林斯、巴兹·奥尔德林，共3名航天员。

在搭载"阿波罗11号"宇宙飞船飞往太空的过程中，"土星5号"运载火箭完成了三级分离。首先是第一级火箭燃料耗尽脱离，然后是第二级火箭燃料耗尽脱离，最后是第三级火箭燃料燃烧完脱离，就只剩下了航天员搭乘的宇宙飞船。三次分离的目的在于抛弃燃料耗尽的空壳以减轻运载火箭的重量，重量减轻后运载火箭需要消耗的燃料也会变少。

飞船由指令舱、服务舱和登月舱组成，当飞船接近月球后，1名航天员留在指令舱，2名航天员从指令舱转移到登月舱上，随后登月舱从指令舱中分离并在月球表面降落。登月舱的呼号为"鹰号"，指令舱的呼号为"哥伦比亚号"。

"鹰号"登月舱在预选的登月点"静海"安全着陆，航天员

航天员巴兹·奥尔德林在月球表面留下脚印

们也做好了登上月球表面的准备。尼尔·阿姆斯特朗慢慢打开登月舱的舱门，沿梯子慢慢走下，踏上了月球表面，迈出了人类在月球上的第一步。

曾经看似不可能实现的载人登月任务最终圆满成功。如果没有科学家和工程师们不舍昼夜的努力研究，人类登月任务是不可能完成的。

一次真实的太空营救：成功的失败

登月成功后，阿波罗计划仍在继续，且后续还有多个载人登月计划，"阿波罗13号"登月计划就是其中一个。搭乘"阿波罗13号"宇宙飞船的3名航天员分别是吉姆·洛威尔、杰克·斯威格特、弗莱德·海斯。虽然火箭安全地在地面发射成功，但从地球向月球飞行的过程中，事故发生了。事故发生时，飞船上的3名航天员听到了巨大的爆炸声，此时飞船距离地球约33万千米，任务已经开始了约56个小时。

事故原因是氧气罐发生了爆炸。"阿波罗13号"宇宙飞船装有两个氧气罐，发生爆炸的是2号氧气罐。由于宇宙中没有氧气，

损坏的"阿波罗13号"宇宙飞船

氧气是载人宇宙飞行任务的必需品。如果只是两个氧气罐中的一个爆炸，那么还能用另一个氧气罐，但由于2号氧气罐爆炸，1号氧气罐也遭到了损坏，氧气罐中的氧气发生了泄漏，眼见氧气就要耗尽了。没有了氧气，人类在太空中就无法继续生存，当时3名航天员到了生死存亡的关头。

随后，地面上的NASA控制中心宣布放弃登月任务，因为在当时的情况下，重要的不是登月，而是保证3名航天员可以安全地返回地球。

首先要解决宇宙飞船里没有氧气的问题。地面控制中心指导航天员立刻转移到登月舱，登月舱中还有供飞船登月时使用的氧气。然而这还不能完全解决问题，由于宇宙飞船上所有设备使用的电是由燃料电池提供的，而燃料电池的工作原理就是利用液态氢和液态氧来反应产电的。也就是说，燃料电池需要消耗氧气，但氧气罐中的氧气已经泄漏，航天员只能放弃使用燃料电池，想办法利用剩余的电力回到地球。

　　地面控制中心为了让3名航天员安全地返回地球，想尽了一切办法。他们找到了能够最低限度地使用剩余电力的方法，

为了省电，让航天员们关闭了飞船上的非必要使用设备，甚至关闭了供暖系统。航天员们不得不在温度降至零摄氏度以下的寒冷舱体中，用一根冻得僵硬的热狗和半瓶水坚持好几天。

危机还未解除，又出现二氧化碳问题。众所周知，人体吸入氧气后会呼出二氧化碳，如果一个人长时间待在密闭的空间中，二氧化碳浓度会不断升高，除非二氧化碳能被清除掉，否则就会威胁到生命安全。前面讲到，3名航天员需要转移到登月舱，将登月舱作为临时救生舱，但登月舱原本设计的是只供2人搭乘，因此在3名航天员进入后，需要过滤的二氧化碳的量已经超出了登月舱中空气过滤器的负荷能力。

起初大家想使用指令舱中的空气过滤器，但新的问题又出现了——两种过滤器的规格不同。这其实是一件非常不应该发生的事情。一般情况下，太空任务中为了以防万一，会将所有的部件按照统一规格制作，但由于阿波罗计划时间太过紧迫，将登月舱和指令舱分别交给了不同的公司生产，这才导致了问题的发生。

但当时不是责怪谁做错了的时候，登月舱内二氧化碳的浓度正在逐渐升高，科学家们必须抓紧时间讨论如何使用"阿波罗13号"宇宙飞船里现有的物品来连接起两种不同规格的空气过滤器。如果不能尽快解决这个问题，航天员们就会有生命危险。

科学家们将宇宙飞船里的所有物品在地面控制中心也摆放了一份，试图找到连接两种不同规格的空气过滤器的方法，并最终成功想出了解决办法。出人意料的是，解决办法使用的是胶带和袜子。地面控制中心的工作人员立刻将找到的方法告诉了航天员们，航天员们这才用飞船里的胶带和袜子将两种不同规格的二氧化碳过滤器连接起来而得以生存。

问题还不止这几个，接下来还需要校正飞行轨道。意想不到的情况还在持续发生，所有不在计划内的突发情况都需要重新计算宇宙飞船的轨道。这些计算全部由地面控制中心进行，然后再通过即时通信设备告诉航天员。

终于，历经波折的"阿波罗13号"宇宙飞船安全返回了地球。这次飞行共持续了大约6天，飞船在距离月球254千米，距离地球40万千米的地月轨道开始返航，并成功返回地球。

3名航天员平安返回地球，所有人都很高兴，航天员们安全返航时甚至得到了比"阿波罗11号"宇宙飞船登月时更热烈的欢呼声。是啊，没有什么是比生命更珍贵的。

虽然"阿波罗13号"计划中的登月任务失败了，但所有航天

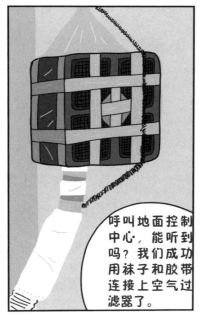

员都安全返回了地球，所以人们常常用"成功的失败"来描述这次任务。

作为一名科研工作者，我也认同"成功的失败"这句话。科学发现就是在无数次的不断尝试和失败中结出的果实。所有领域的科学都是如此。在探寻科学真理的过程中，失败是成功之母。

太空任务也是如此。虽然在这本书里，我们谈及的主要都是成功的太空任务，但其实这些任务在获得成功前也曾经历过无数次的失败。回顾人类探索太空的历程，你会发现成功的太空任务只是少数，而失败的太空任务有很多，也许把它们称作"成功的失败"会更好。但是，人类探索科学的旅程绝不会因此停止。

我们会再次踏上月球的土地

1972年，"阿波罗17号"宇宙飞船任务结束后，阿波罗计划落下了帷幕。在此之后，我们人类都没有再次踏足月球。最近几年，各个国家渐渐又开始关注月球探测，并成立了国家级的航天部门作为主导机构，对月球开展探测，月球作为宇宙实验基地也备受关注。

正如阿波罗计划最后一次任务"阿波罗17号"宇宙飞船的指令长尤金·塞尔南曾说："我们还会带着全人类的和平与希望回到这里。"相信在不远的未来，人类将再次踏上月球，希望在那个时候会有更多国家的航天员登上月球。

4

去往比太阳系更遥远的
地方——旅行者计划

探索新世界的方法

　　最理想的宇宙探险大概就是人类直接搭乘宇宙飞船在太空中飞行了吧。可是因为科学技术发展水平有限等多种原因，并不是所有星球都可以以这种方式探索的，于是人类在准备宇宙探险的同时，开始依次向月球、太阳、水星、金星、火星、木星、土星发射太空探测器。用于探测这些星球的探测器有"月球号""水手号""麦哲伦号""先驱者号""卡西尼号"……哪怕只是听到这些探测器的名字都会让人心潮澎湃。每当探测器到达目的地并传回其在太空中拍摄的照片时，地球上的人们总是会惊叹和感动于宇宙的绚丽和美妙。

　　在人类制订的多个太空探测计划中，有的探测计划只发射了1个探

太空探测器

　　太空探测器指发射到太空中用以探测地球或其他天体的观测工具。太空探测器上装有能源供给装置和相机等观测设备。

"旅行者1号"探测器

测器，但也有像"先驱者号"这样从"先驱者1号"一直发射到"先驱者11号"的探测器系列。有的探测器发射失败，有的探测器在将所见所闻传回地球后坠毁，还有的探测器在发生事故后迷失在太空中漂浮不定。而其中最扣人心弦的就要数"旅行者号"探测器了。

太阳系以太阳为中心，水星、金星、地球、火星、木星、土星、天王星、海王星沿着固定轨道围绕太阳运转。"旅行者号"探测器的任务是从地球出发，探测太阳系外围行星。"旅行者号"探测器包括"旅行者1号"和"旅行者2号"两个姊妹探测器，上页图片所示为"旅行者1号"探测器。"旅行者号"探测器没有太阳能电池板。要知道，许多太空任务中发射的航天器都会使用太阳能电池板来获取动力。因为只要航天器的飞行范围还在太阳系中，无论它飞到哪里都很容易获得太阳光，太阳能电池板就可以将太阳辐射能转换成电能，为航天器提供能源。但"旅行者号"探测器上没有太阳能电池板，这是因为它们的任务是探测太阳系以外更遥远的宇宙空间，那里的太阳光非常微弱，无法通过太阳能获得足够的能源。

1977年，"旅行者2号"和"旅行者1号"探测器相继发射升空。这两个姊妹探测器从地面出发，沿着两条不同的轨道飞行，在经过多个太阳系行星及其卫星并进行大致探测后，朝着太阳系外继续前进。目前，只有这两个探测器到达过太阳系的边缘。

引力弹弓效应：太空中的免费动力

太阳系中有许多行星以及围绕这些行星运转的卫星，它们的旋转速度和轨道各不相同，太阳系中行星的位置时刻都在发生变化。

想让"旅行者号"探测器到达太阳系以外更遥远的地方，它的飞行轨迹十分重要，只有充分利用好轨道位置才能更高效地飞离太阳系。可是怎么样才能更高效地飞离太阳系呢？

在太空探索中，天体引力是一个非常重要的因素，它作为太空中的免费动力，可以降低太空任务中火箭所携带的燃料的重量。在太空任务中，所有的物体都要由火箭搭载升空，而火箭发射花费与重量相关，搭载的物体重量越重，花费的钱就越多。火箭发射所需的费用是以克为单位计算的，为了节省费用，科学家们对要搭载升空的物体重量都十分敏感。一般来说，火箭的总重量中绝大部分是燃料的重量。因而如何在携带最少燃料也就是推进剂的同时，还能达到想要的加速目标就显得尤为重要。

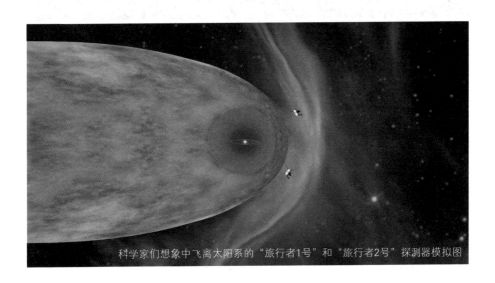

科学家们想象中飞离太阳系的"旅行者1号"和"旅行者2号"探测器模拟图

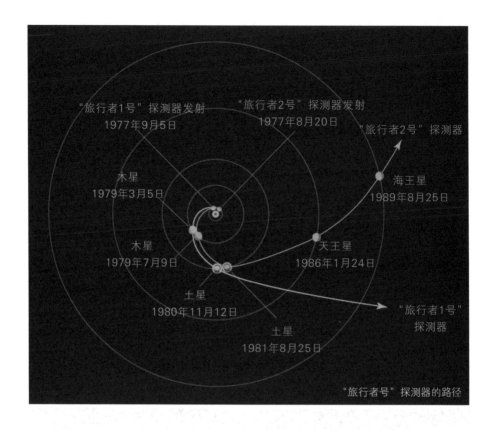

"旅行者1号"探测器发射　　"旅行者2号"探测器发射
　1977年9月5日　　　　　1977年8月20日
　　　　　　　　　　　　　　　　　　　　"旅行者2号"探测器

木星
1979年3月5日
　　　　　　　　　　　　　　　　　海王星
　　　　　　　　　　　　　　　　　1989年8月25日

木星
1979年7月9日　　　　　　天王星
　　　　　　　　　　　　　1986年1月24日

　　土星　　　　　　　　　　　　　　　　"旅行者1号"
1980年11月12日　　　　　　　　　　　　探测器

　　土星
1981年8月25日

"旅行者号"探测器的路径

为了让"旅行者号"探测器能高效飞离太阳系，科学家们使用了一种叫作"引力弹弓效应"的方法。

什么是引力弹弓效应呢？"旅行者号"探测器在离开地球飞往宇宙深处探索的过程中，可能会碰到火星、木星，或是土星。假设"旅行者号"探测器要经过木星周围，而行星都有各自的天体引力，"旅行者号"探测器越靠近木星，它的速度就越会受到木星引力的牵引而加快。但是，请注意，如果探测器距离木星过近，就会被卷入木星轨道中。好在木星本身也在围绕太阳公转，是在不断移动的，因此科学家们只要做好轨道设计，让"旅行者号"探测器以恰当的切入角度飞掠过木星，就能充分利用木星的引力来获得加速，得到新的动力，从而弹射出去。像这样即使没有推进剂，也能利用其他行星的引力来逐渐提升速度的过程就是引力弹弓效应。现在有许多太空任务在使用这一方法。要想运用引力弹弓效应，科学家们要能够准确计算出探测器的飞行轨道。这就需要科学家清楚地了解地球周围行星的轨道，并能根据这些轨道做出精确的计算来确定发射日期。

"旅行者1号"和"旅行者2号"探测器都使用了引力弹弓效应。"旅行者1号"探测器在经过木星和土星后朝着太阳系的边缘飞去，"旅行者2号"探测器则在经过木星、土星、天王星、海王星后朝着太阳系的边缘飞去。

今天，我们可以很容易地在书本或是网站上找到木星、土星、天王星、海王星

"旅行者2号"探测器拍摄的土星

等天体的照片。这些照片几乎都是由"旅行者2号"探测器在经过这些行星时拍摄并传回地球的。虽然在那之后，人类又进行了探测木星的"朱诺号"任务等其他行星探测任务，但迄今为止，"旅行者2号"探测器仍然是唯一一个曾经造访过海王星和天王星的探测器。不仅如此，木星的卫星伊奥（即木卫一）、欧罗巴（即木卫二）、盖尼米得（即木卫三）、卡里斯托（即木卫四），以及土星最大的卫星泰坦（即土卫六）的相关信息也都是由"旅行者2号"探测器传回地球的。

"旅行者1号"和"旅行者2号"分别于2012年和2018年进入星际空间。"旅行者1号"探测器是第一个进入星际空间的人造物体。"旅行者1号"和"旅行者2号"的飞行距离是人类历史上最远

星际空间

星际空间指星体与星体之间，不受太阳系影响的空间。

的，截至2020年4月，"旅行者1号"和"旅行者2号"距地球的距离分别为148天文单位（Astronomical Unit，AU，是天文学中距离的基本单位）和123天文单位。地球与太阳之间的距离为1天文单位，约等于1.5亿千米，所以"旅行者1号"探测器离我们足足有地球和太阳距离的148倍那么远！从地球出发后，"旅行者号"探测器真是经历了漫长的太空之旅啊！

暗淡蓝点

1990年2月，在"旅行者1号"探测器即将飞离太阳系之前，曾参与旅行者计划的天文学家卡尔·萨根博士提议，将"旅行者1号"探测器的摄像头反转向后看以拍摄它所探访过的行星，可以说是给包括地球在内的整个太阳系拍摄的一张"全家福"照片。此时，"旅行者1号"探测器正处在冥王星附近，距离地球大约60亿千米，拍下的就是下图这张照片。照片中被圈出来的，在一道长长的光束中的小白点就是地球。卡尔·萨根博士给这张照片起名为"暗淡蓝点"。

"旅行者1号"探测器拍摄的"暗淡蓝点"

我大概是在17岁的时候第一次看见这张照片，当时的我备感震惊：我的全世界——地球，我还没能游遍的地球，竟然只有一个点这么小？

我们人类就生活在这一个暗淡的小蓝点上。我们彼此相爱、和谐相处，这是我们所有人共同的家园。从宇宙中看，地球渺小得就像一个暗淡的小蓝点，可以想象，宇宙又该有多么广阔啊！

"我们在这里"，向外星传递人类信息

卡尔·萨根博士的另一个提议是让"旅行者号"探测器携带人类和地球信息发射升空，以此来向"旅行者号"探测器可能发

现的外星文明传递地球文明，承担起人类与宇宙星系沟通的使命。如果在遥远的宇宙中有和我们一样的智慧生命体，而这些智慧生命体又偶然发现了"旅行者号"探测器，我们就能给他们留下"我们在这里"的信息。

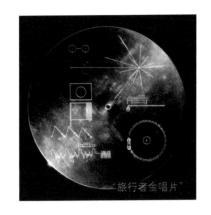

"旅行者金唱片"

信息存储在一张铜制镀金的黑胶唱片上，由于唱片是镀金的，当时给它起名"旅行者金唱片"。唱片中记载着地球上的风景和人物照片、人类的位置、用55种人类语言发出的问候、雨声、雷声、音乐、人类使用的数字体系、人类发现的科学法则、人体简单的解剖图等。为了让发现唱片的外星生命体可以收听，唱片中还内藏了一枚唱针。

不过，即使在遥远的宇宙中真的存在某种智慧生命体，其发现"旅行者号"探测器的可能性也非常渺茫。即便发现了"旅行者号"探测器，这些生命体能够通过播放唱片来获得信息的可能性也非常小。因为我们也不知道其他外星生命体是否像我们一样，会通过视觉或听觉等感官来获取信息。

但"旅行者金唱片"象征着人类的梦想，象征着我们的努力。我们正努力向那遥远未知的宇宙呐喊："我们在这里，可以听见吗？"

如果"旅行者号"探测器和地球的通信中断，我们就无法再接收到"旅行者号"探测器发送的信息。但宇宙空间中的气体密度与地球表面相比非常低，摩擦力也很小，因此"旅行者号"探测器会一直朝着原来的方向移动，独自继续飞行。

"旅行者金唱片"十分结实，只要没有被小行星之类坚硬的物体撞击，它就不会破损，可以保存10亿年以上。所以，说不定在遥远的未来，真的会有外星生命体发现这张唱片，这些外星生命体说不定也和我们一样，在寻找宇宙另一端的智慧生命体。大家大胆猜想一下，外星生命体根据唱片信息找到我们人类的那一天真的会到来吗？

可是"旅行者号"探测器的任务什么时候结束呢？太空任务结束意味着什么？通常来

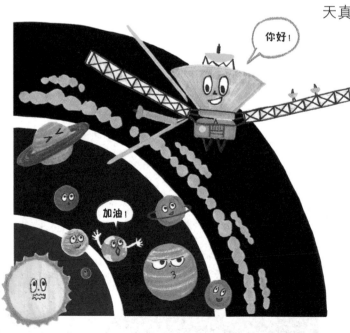

说，我们将探测器送入太空后，太空探测器会把其探测成果传回地球上，探测成果可能是照片，也可能是数字。当太空探测器由于某些原因不能再向地球传输数据时，我们就可以说其太空任务结束了。

截至2021年，"旅行者号"探测器已经执行任务长达43年了，这么久以来，"旅行者号"探测器一直在向地球传输数据。

但"旅行者号"探测器的任务不可能永远持续下去，因为它们的电量在不断减少。前面我们提到，"旅行者号"探测器没有配备太阳能电池板，而是携带了十分强有力的核电池，但是现在这个核电池的寿命也快耗尽了。早在2011年，"旅行者1号"和"旅行者2号"探测器的电量就已经减少至发射时的60%。科学家预计"旅行者号"探测器的通信可以维持到2030年，在此期间，"旅行者号"探测器还会继续向我们传送人类从未到访过的星际空间的信息。

当然，电量耗尽后，我们就无法再接收到"旅行者号"探测器发来的信息。"旅行者号"到了哪里，遇到了什么，我们都将无从知晓。但"旅行者号"仍将继续前行，去往人类未知的遥远的宇宙空间。

宇宙起于何处又终于哪里？

宇宙的起点在哪里

　　飞机的飞行高度在距离地表9~11千米，将这个高度提高10倍，也就是100千米左右的位置，重力会变得很微弱，空气也会十分稀薄，所以人们一般认为这个高度就是宇宙的起点，将这条分割外太空与地球大气层的分界线称为"卡门线"。包裹着地球的大气层能够为地球生命提供呼吸所需的氧气，同时维持着地球温度的稳定，使得地球温度不至于过冷或过热。大气层还能够阻挡来自太阳的高能粒子及X射线、伽马射线等宇宙射线。

太空中很危险

　　太空中没有空气，无法得到类似地球大气层般的保护。太空中的最低温度接近绝对零度，也就是−273℃。受到阳光照射的一面温度会上升到200℃左右，而没有阳光照射的一面则会到−200℃左右，呈现两极分化。人类如果在没有任何保护措施的情况下进入太空，身体

内的肺泡和耳膜都会爆炸。这就是为什么航天员在太空中都要穿航天服。

怎样才能去往太空

要去往太空，需要有一个与地球引力方向相反的力。火箭通过尾部喷出的热气获得与地球引力相反方向的推进力，能够脱离地球引力的速度叫作"逃逸速度"，需要达到每秒11.2千米这么快。

用数学知识实现逃离地球的梦想

地球以每秒29.8千米的速度围绕着太阳旋转，如果火箭的发射方向与地球公转方向一致，就能在发射速度的基础上再加上公转速度，从而飞到更远的地方。因此，要发射巨型火箭，首先需要有非常精准的数学计算。据说火箭工程师沃纳·冯·布劳恩博士原本不喜欢数学，但因为太想制造出火箭而坚持学习了数学。

5

引人注目的天地往返工具——航天飞机

建立太空探测基地

在阿波罗计划获得成功，航天员登上月球之后，科学家们对人类在太空中停留更长时间、完成更多任务充满了信心。如果人类在太空中创建一个起到大本营作用的探测基地会怎么样呢？人们可以直接在这个探测基地中学习如何在太空中生存，如何在太空中开展各种实验，这里还会成为人类进一步探索遥远宇宙的前沿基地。为了实现这一梦想，空间站计划开始了。

空间站作为漂浮在太空中的人造物体，与人造卫星相似。科学家们研发人造卫星的初衷是让它到达目标轨道后沿轨道旋转并执行任务。同样的，空间站也是在到达目标轨道后在太空中沿轨道运行。从这一点上来看，我们可以说空间站相当于一种人造卫星。但空间站要能够供人类居住，还要能够与宇宙飞船实现太空对接，其制造技术自然就比一般的人造卫星要复杂得多。

空间站的历史可以追溯到1971年。1971年，苏联发射了世界上第一个空间站——"礼炮1号"空间站。两年后，美国也发射了名为"天空实验室"的空间站。

"天空实验室"空间站由"土星5号"运载火箭搭载发射，此后，美国共发射了3次载人航天飞船，航天员到达"天空实验室"空间站后会停留数十天，并完成多项科学实验。航天员们还实现了太空漫步并维修了空间站。"天空实验室"空间站于1979年结束任务后坠入大气层烧毁。

在这之后，科学家们计划着建立一个比"天空实验室"更大、更先进的空间站。但将一个庞大的空间站整体从地球发射到太空中是

与"天空实验室"空间站对接的"土星5号"运载火箭

不可能的，因此，唯一的方法就是先将在地球上制造的空间站部件分批次运送到太空后，在太空中进行组装。要建造一个庞大的空间站，需要的部件有很多。如果用一般的运载火箭运送这些部件，科学家就要多次发射火箭，这无疑会消耗大量资金。因此，通过运载火箭运输空间站部件的方法在当时受到了一些批判。

假如有一种可以往返地球与太空的航天飞机呢？不是那种一次性宇宙飞船，而是可以像飞机一样重复使用的航天飞机，这样就能节省开支。如果航天飞机上再设有大型货舱，就更便于建设空间站。

能够大量运载人与物资往返地球与太空的航天飞机就此诞生了。航天飞机一次能运输近2吨的物体到距地面约500千米处的近地轨道。

携带橙色外贮箱，前所未有的航天飞机诞生

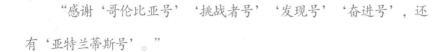

"感谢'哥伦比亚号''挑战者号''发现号''奋进号'，还有'亚特兰蒂斯号'。"

2011年7月，"亚特兰蒂斯号"航天飞机于肯尼迪航天中心安全降落，这标志着美国持续30年的航天飞机时代正式谢幕。自1981年首架航天飞机——"哥伦比亚号"首次飞行以来，各个航天飞机在30年间多次往返太空。航天飞机的指令长克里斯托弗·弗格森对在此期间执行飞行任务的5架航天飞机——"哥伦比亚号""挑战者号""发现号""奋进号"，以及他本人曾担任指令长的"亚特兰蒂斯号"表示了感谢。使用了长达30年的航天飞机可以说是当时集航空航天技术之大成者。

航天飞机由轨道飞行器、固体火箭助推器和外贮箱组成。轨道飞行器即飞机本体，固体火箭助推器就是两根白色的火箭，外贮箱即中间粗大的橙色柱状物。由于外贮箱是橙色的，一般被称作"橙罐"，橙罐两侧就是固体火箭助推器。在此之前，我们使用的大部分都是一次性运载火箭。为了尽量节约费用，航天飞机的固体火箭助推器和轨道飞

"发现号"航天飞机

行器都被设计成了可重复使用的部分，只有外贮箱在用过一次后会被抛掉。

接下来，我们来认识一下航天飞机的发射过程。首先，在飞机模样的轨道飞行器上有3台发动机，发动机使用的是橙罐中的燃料。主发动机先点火，然后固体火箭助推器也点火后发射升空。巨大的固体火箭助推器中的燃料全部燃尽需要耗费约2分钟的时间，当燃料耗尽，完成任务的固体火箭助推器就会同航天飞机分离并掉落。一般分离后的固体火箭助推器会掉落到海上，科学家在海上完成回收后即可再次使用。

橙罐中装有作为燃料使用的液氧和液氢，燃尽这些燃料只需要不到10分钟的时间。燃料用尽后，外贮箱也同样会同轨道飞行

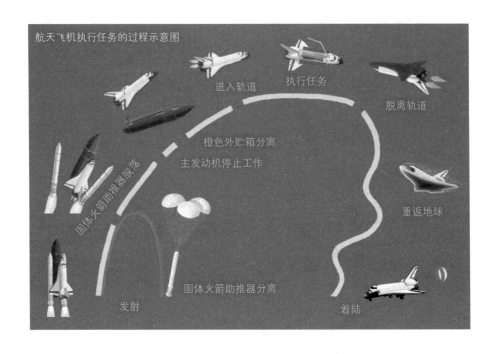

航天飞机执行任务的过程示意图

进入轨道

执行任务

脱离轨道

橙色外贮箱分离

主发动机停止工作

固体火箭助推器脱落

重返地球

固体火箭助推器分离

发射

着陆

器分离。就这样，航天飞机通过固体火箭助推器和外贮箱提供的动力，到达了太空轨道。在太空任务中，航天器的轨道根据航天飞机任务的不同而不同，可能是距离地面约500千米处的近地轨道，也可能是距地面约4万千米的地球同步转移轨道。

航天飞机作为载人飞船可以运送航天员，最多可容纳8名航天员。航天飞行在太空中完成任务后，其轨道飞行器还需要将航天员安全运送回地球。

航天飞机返回地球的过程并不是大家想象中的那么简单，因为地球周围还有一层厚厚的大气层。在航天飞

轨道飞行器

轨道飞行器是指沿固定轨道运行的航天器。

机从地球飞往太空的过程中，随着高度不断上升，大气密度会逐渐降低，即随着与地面的距离越来越远，空气会变得越来越稀薄。那么，这也就意味着，航天飞机的轨道飞行器在从地球之外的太空回到地球时，是从大气密度低的地方回到密度高的地方。要知道，轨道飞行器进入大气层时的速度会非常快。

快速进入大气层的轨道飞行器会与大气产生剧烈的摩擦，进而产生超高温。在这种超高温状况下，轨道飞行器的表面如果没有进行特殊处理就会导致整个轨道飞行器燃烧殆尽。为了保证轨道飞行器中的航天员安全返回地球，轨道飞行器的表面都会使用耐热的特殊材料。

辉煌飞行背后令人惋惜的悲剧

在1981年4月至2011年7月的30年间，美国共有5架航天飞机飞行了135次，执行了许多任务，包括完成多项实验，如将人造卫星运送至轨道等。哈勃空间望远镜就是由"发现号"航天飞机

送上轨道的。

空间站项目开始后，航天飞机的作用就显得更为重要了。航天飞机向空间站运输了大量物资和部件，包括多次为居住在国际空间站中的航天员运送食物等补给用品。复杂的国际空间站建设任务也是利用航天飞机的这一优势完成的。航天员们在用绳子将自己和航天飞机连接好的状况下，在太空中修建国际空间站并组装部件。这也向那些批判航天飞机花销极高却毫无用处的人证明，能够运送人和物资往返太空的航天飞机是大有用处的。

但令人惋惜的是，航天飞机任务曾有过2次失败，分别是1986年的"挑战者号"和2003年的"哥伦比亚号"。

1986年，"挑战者号"在起飞仅73秒后就发生了爆炸，机上7名航天员全部遇难，这一事故震惊了全世界。美国成立了事故调查委员会，仔细调查事故发生的原因。调查结果显示，爆炸原因在于固体火箭助推器上的一个"O"形橡皮密封圈失效。固体火箭助推器与外贮箱的连接处是由橡皮密封圈密封的，橡皮密封圈受损导致无法起到密封作用，而密封圈失效是由于低温。

当时负责此次发射任务的位于佛罗里达州的肯尼迪航天中心天气异常寒冷，平常气温一般在17℃左右，但事故当天温度只有1℃左右，而橡皮的弹性是会受温度影响的。由于肯尼迪航天中

"挑战者号"爆炸事故

心的气温基本都维持在10℃以上，所以"O"形橡皮密封圈是按照这个温度设计制造的，这就导致橡皮密封圈在事发当天没能正常发挥弹性，最终导致橡皮密封圈失效，固体火箭助推器内的高温气体发生了泄漏，而航天飞机也因此爆炸。

第二次事故发生于2003年的"哥伦比亚号"。"哥伦比亚号"发射后不久，外贮箱上的一块材料脱落并撞击到轨道飞行器表面，导致轨道飞行器表面某处材料破碎，形成裂孔。虽然只是一个25厘米的裂孔，却在航天飞机轨道飞行器返回地球时导致了灾难。

前文中我们讲到过，航天飞机在返回地球时会由于与大气的剧烈摩擦而产生超高温，所以轨道飞行器表面25厘米的裂孔部分无法承受高热，发生燃烧，最终导致整个轨道飞行器爆炸，机上7名航天员在这场事故中丧生。

可见，小小的失误也会导致大的灾难，这就是科学和工程学为什么要追求严谨的原因。也正是因为细微的失误和无知都可能导致重大事故，科学家和工程师们才会竭尽全力，不放过任何一个小小的问题。

"哥伦比亚号"航天飞机发生事故后，航天飞机的安全性受到质疑，最终航天飞机项目于2011年终止。但不可否认的是，30年间，航天飞机让我们得以在太空中进行了多项实验，也让我们将更多航天器送入太空。

而现在，除了航天员，有更多的人希望能频繁地往返于地球与太空。希望有一天，普通人也可以去太空旅行。要想实现这一点，太空旅行的费用就需要再低一点。迄今为止，人类已经在太空探索方面花费了大量资金，如果要以更低廉的价格实现太空旅行的话，首先考虑的就是火箭或是太空发射部件一定要能够重复利用才行。从这一点来看，航天飞机作为最早重复使用的运载工

小型航天飞机"追梦者号"

具，或许能带给我们一些启发。

　　航天飞机的太空任务虽然结束了，但科学家们还在继续筹备"追梦者号"新一代航天飞机这样的后续任务。科学家们希望向太空送去更多航天员和研究器械的梦想仍在继续。

漂浮在太空中的巨大实验室——国际空间站

夜空中如星星般闪烁的国际空间站

"看什么看得那么认真？那里有什么啊？"

某个夜晚，我的科学家朋友坐在研究所前的长椅上凝视着夜空，于是我便问朋友夜空里有什么。

"再等30秒。在那里，你看那里！"

夜空中有一个发光物体快速飞过，"嗖"的一声划破了夜空。

"那是国际空间站，会在这个时间段经过这里，快跟它挥手打招呼呀。"

那天，我向这座超大的太空建筑挥了挥手。

国际空间站在地球上空约400千米处的轨道绕地球运行，这种高度的轨道我们称之为"近地轨道"。国际空间站上的巨大太阳能电池板会反射太阳光，在夜空中比金星还亮，因此，如果知

"发现号"航天飞机拍摄的国际空间站

道它的运行路径，我们就可以算出国际空间站经过我们所在位置上空的最佳观测时间段及最佳观测视角，用肉眼就可以看见国际空间站。

庞大的国际空间站是怎么建造起来的呢？1971年4月，苏联把"礼炮1号"空间站送上轨道，这是全世界第一个空间站。虽然这个空间站在1971年10月时掉入地球的大气层中被烧毁，但这足以说明苏联当时已经掌握了建设空间站的技术。1973年5月，NASA把一个叫作"天空实验室"的空间站发射到轨道上，成为美国第一个环绕地球的空间站。1975年7月，美国和苏联两个国家的宇宙飞船在太空中成功对接，飞船上的航天员一起进行科学实验。在美国和苏联各自发射空间站并开始制造航天飞机后，科学家们为了让人类能更进一步走向宇宙，有了建造巨大、先进空间站的设想，而建造这样的空间站需要投入大量的科研人力、物

力和财力，于是自然而然地有更多的国家决定合作，共同建造空间站。美国国家航空航天局、俄罗斯联邦航天局、日本宇宙航空研究开发机构、加拿大国家航天局、欧洲航天局等16个国家的航天机构历时12年合力建造了国际空间站。

国际空间站是人类在太空中可以驻留并生活的空间平台，主要用于地球外太空的实验和观测，实验包括各项科学实验及了解人类在太空中生存可能性的实验等。同时，国际空间站也起到供人类进行之后各项太空任务的基地作用。

国际空间站宽约88米，长108米，总质量约423吨。这个沉重的庞然大物在地球上空约400千米处以每秒约7 660米的速度围绕地球运转，这样的高速运转让国际空间站每天能绕地球约16圈。

如此庞大的太空建筑是如何发射升空的

国际空间站大体分为太阳能电池板、基础桁架结构、散热器、对接部分、实验室、机械臂及居住区域，整个空间站从长度和宽度来看，大约相当于一个足球场那么大。如此庞大的太空建筑是如何从地球发射升空的呢？以当前掌握的技术，我们是无法将这么大的太空建筑一次性发射升空的，于是科学家们想出了先

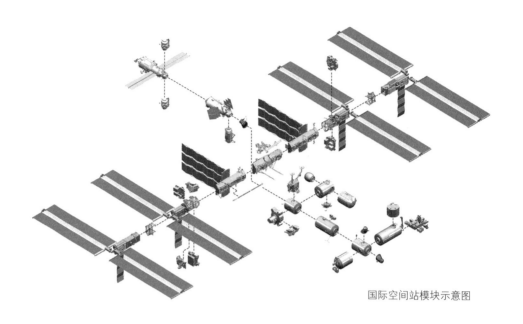

国际空间站模块示意图

将各个部件发射到太空后，在太空中进行组装的方法，这是可以在太空中建造大型建筑的唯一方法。

组成国际空间站的各个部件叫作模块。国际空间站作为国际合作项目，各模块由相关国家分别制造。例如，"曙光号"模块、"希望号"模块分别是由俄罗斯、日本制造的，"哥伦布号"模块是由欧洲多个国家共同创造的。所以说，国际空间站就是在将各合作国制造的大量模块运输到太空后组装而成的，是名副其实的国际项目。各国制造的模块在最终发射前要先送到美国肯尼迪航天中心进行最后的检验评估，然后再发射到太空。

1998年11月，俄罗斯的"曙光号"模块率先发射升空，这是国际空间站的第一个模块。同年12月，美国的"团结号"模块也由航天飞机"奋进号"运载升空，并准备连接在之前发射升空的"曙光号"模块上。

那么我们来想一想，要把两个模块在太空中连接起来，如果一切能自动完成当然最好，但以当时的技术难以实现，就必须有人来进行必要的太空作业，也就是说，必须要进行太空漫步。太

1998年，为了连接"团结号"模块和"曙光号"模块进行太空漫步的航天员们

空漫步是指身着航天服的航天员用安全绳索将自己的身体与航天器连接起来后，直接进入太空中连接各模块或检修故障。自1998年第一次在国际空间站成功进行太空漫步开始到2018年，航天员共完成了212次太空漫步，总太空作业时间达到了1 300小时。

国际空间站的运输工作主要由美国的航天飞机完成，在航天飞机退役后，这一工作就交给了俄罗斯的"联盟号"飞船负责。

国际空间站里的平凡日常也是太空实验

1998年，国际空间站的第一个模块发射升空后，后续多个模块也发射升空并组装完成。2000年，首批航天员入住国际空间站，在那里停留了约140天，完成了太空实验等各项任务。

国际空间站可容纳6个人居住，这些航天员一般在国际空间站中驻留3~4个月后返回地球，之后再由下一批航天员去往空间站。这样的任务交接一年大概会进行4次，我们把这些在国际空间站驻留的人员叫作"远征队"，最先到达国际空间站驻留的一队人员称"1号远征队"，下一队就称"2号远征队"，以此类推，截至2021年11月，驻留在国际空间站的是"66号远征队"。远征队由美国和俄罗斯，以及欧洲国家或日本、加拿大等合作国国籍的航天员组成，至今已有超过100名航天员曾去往国际空间站。

航天员除了在空间站内部进行实验和观测、检修设备等任务外，还要在太空中完成像太空漫步这样的出舱任务。因此，每个航天员必须具备强健的身体、良好的心理素质和反应能力、较高的文化程度，并且受过系统的特殊训练，掌握航天技能。

国际空间站的航天员们在早上6点起床，开启新的一天，一

国际空间站"星辰号"服务舱内的"61号远征队"航天员

般一天工作10个小时，工作全部结束后在晚上9点30分睡觉。由于在国际空间站里一天会经历16次日出日落，所以航天员们为了睡个好觉，会把窗户全部遮住并关上灯。

对于要在国际空间站里居住3个月以上的航天员

们来说，饮食是非常重要的。航天员们一般将从地球携带的真空包装的食物进行加热后食用，虽然空间站里也有冰箱，但要吃到新鲜的水果和蔬菜还是很难，所以航天员们总是非常期待收到从地球运送来的补给品。

在空间站内部的航天员处于失重状态，所以航天员们都漂浮在空中。睡觉时如果不将身体固定在某个地方，航天员就会一直四处漂浮，这样极易撞到空间站内部灵敏的装置，导致事故发生，因此，航天员们会使用睡袋将自己的身体固定在床上。在失重状态下，航天员们也不能吃像粉末这种会四处飞散的食物，一旦食物四处飘散，可能会导致空间站内的过滤网或其他灵敏的器械受到污染。

航天员们虽然要在空间站中生活长达几个月的时间，但是却不能像在地球上一样舒适地洗澡，因为在空间站里，水是极其珍贵的。一般情况下，航天员会使用能喷出少量水的喷射式喷水头洗澡或是用湿毛巾擦拭身体来代替洗澡。空间站上有卫生间，航天员的尿液经过净化后作为饮用水被循环再利用。

深空探测的前沿基地

国际空间站预计将执行任务至2030年，而科学家也正在筹备下一个空间站——"深空通道"空间站。不同的是，目前的国际空间站是建立在近地轨道上的，而"深空通道"空间站是建立在地球和月球之间的地月轨道空间上的，离月球更近。这个空间站

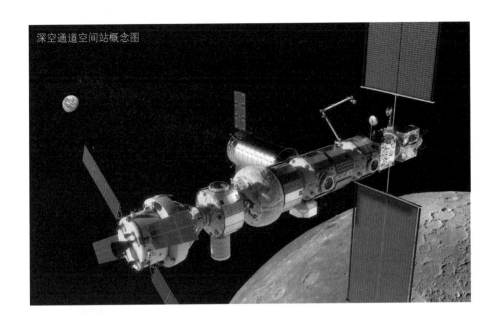

深空通道空间站概念图

预计将会和现在的国际空间站一样，由各国合力建造。它将成为人类探索太空的前沿基地，用于完成人类登陆月球或者火星开展探测，以及去往宇宙更深处的太空任务。

有问必答！

成为航天员需要具备哪些条件和能力?

如何成为一名航天员

在太空探测的初期，考虑到太空中的恶劣环境，航天员的选拔十分严格。虽然随着科技的进步和空间站的不断完善，选拔标准有所放宽，但仍然非常严格。航天员需要通过高强度的体力测试，并取得科学、技术、工程学、数学领域的学位，同时要有2年以上的航天

经验。更重要的是，航天员要有应对突发状况的能力。由于空间站的空间狭小，航天员们的工作和作息都要在一起且会持续一段时间，所以航天员要善于与人相处。

航天员必须掌握的生存技能

被选中的航天员在发射升空前需要接受失重状态适应训练，来让身体能够忍受达到9倍重力加速度的加速度。航天员还要学习在太空漫步时操作和检修航天器的方法。此外，航天员从太空回到地球时，返回舱的自动导航系统可能出现问题，无法向地面控制中心发送所在位置；返回舱降落的位置也可能不是预定位置，可能是原始森林，也可能是茫茫大海，因此航天员身上必须配备生存所需武器并掌握一定的生存技能，因为他们有可能要和野生动物搏斗，或在大海中生存下来。

太空食物

太空食物不能太重或水分太多，也几乎不能有异味或产生垃圾。因此，太空食物都是在地球上做好脱水处理后，再真空压缩到罐头或包装袋中，到太空中加热就可以吃了。1965年，在执行"双子星座3号"太空任务时，一

名航天员因为偷偷食用私自带上太空的三明治，而使灵敏的电子设备差点由于食物碎渣的影响而发生故障。近几年，空间站中已经可以吃到符合严格标准的太空汉堡和太空泡面了。

在太空漫步时鼻子痒怎么办

航天服头盔上贴有尼龙搭扣，当航天员鼻子痒时就可以在上面摩擦。航天服中充满了用于保护航天员的空气，所以一举一动都要费很大的力气。曾经有一位女性航天员由于手套过大而出现了手部失去知觉的症状，因此诞生了专为女性航天员及身形较大或较小的航天员定制的航天服。

太空之旅的
下一站——火星

欢迎初次到访火星

　　"我被独自留在了这里。我本应该和队友一起返回地球，却没成功。我们没能预测到刚刚瞬间袭来的风暴，在准备登上返航的飞行器时我被风暴卷走并与团队失联，队友们大概都以为我遇难了，才会丢下我走了。如果他们知道我还活着，一定不会丢下我离开。

　　"现在可怎么办？无论如何我都要在这里生存下来。先回基地吧，回去再想办法。对了，自我介绍一下，我是植物学家、机械工程师，同时也是火星探测任务'战神3号'的航天员马克·沃特尼。"

　　大家看过科幻电影《火星救援》吗？《火星救援》是一部关于一个名叫马克·沃特尼的人的电影。作为一名航天员和科学家，马克·沃特尼参与了火星探测任务，但由于一场事故他无法再返回地球，独自被留在了没有任何人、几乎没有氧气的人类无

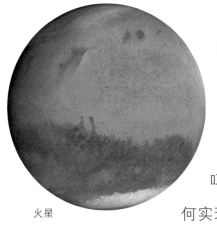

火星

法生存之地——火星。

事实上，因为火星过于遥远和危险，人类至今还没有到访过火星。那么，难道人类永远都无法去往火星吗？并不是的。很多科学家都在研究如何实现宇宙飞船能载人到遥远而危险的火星并安全返回地球。

虽然还没有实现载人火星探测，但为了研究火星，科学家们已经发射了多个人造卫星和探测器到火星上。火星与地球有众多相似之处，是科学家们最好奇的太阳系行星之一。科学家们好奇火星上是否有生命体，会不会有跟我们相似的外星人生活在那里，又或者会不会有和我们完全不同的生物。科学家们相信，如果太阳系中还有其他生命体生存的行星，那么这个行星是火星的可能性最大。

因此，科学家们很久以前

"水手4号"探测器拍摄的火星表面

就有了去火星的想法。第一次尝试是在1960年，也就是前面我们介绍过的第一颗人造卫星"斯普特尼克1号"发射升空3年后。但可惜的是，这个任务在火箭发射阶段就失败了。

直到1965年，"水手4号"探测器在飞掠火星附近时拍摄下火星表面的照片并将照片发送回地球上，人们才第一次看见了火星的面貌。

随着时间的推移，科学家们试图让人类亲自登陆火星。但人们对火星的了解还是太少了，于是科学家们决定先发射不载人探测器，在进一步了解火星后再将人类送上火星。

火星离地球有多远呢？在围绕太阳运转的几个行星中，火星是紧挨着地球的那一颗。以太阳为中心，各大行星以水星、金星、地球、火星、木星、土星、天王星、海王星的顺序由近及远地排列着。由于火星与地球不停地在各自的轨道上移动，因此两者之间的距离也时刻在变化，不过这个距离一般大约是2亿千米。

那么，火星探测器去往火星的太空旅程会是怎样的呢？搭载着火星探测器的火箭从地球出发，摆脱地球引力，升到大气层之外的火星探测器便开启了漫长的旅程，这是一趟短则6个月，长则持续1年的长期旅程。

在经历了十余年的策划和精心准备之后，科学家们将机器人登陆火星表面的太空任务提上日程。1975年，NASA的"海盗号"系列火星任务就是实现这一任务的开端。NASA先后发射了"海盗1号""海盗2号"火星探测器（包括轨道器及着陆器），探测器在围绕火星飞行时会寻找合适的着陆点，然后在那里放下着陆器。着陆器在火星表面成功着陆后，就会立刻拍摄照片并传

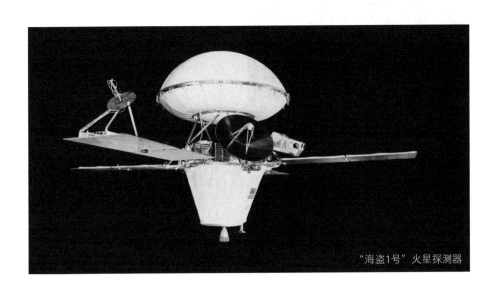

"海盗1号"火星探测器

送回地球。"海盗系列"火星任务是第一个在火星着陆的太空任务。

火星车登陆火星

此后又过了20年，1996年12月，NASA的火星探测器——"火星探路者号"飞向了火星。"火星探路者号"上搭载的火星车"旅居者号"是人类第一辆火星车。"旅居者号"火星车上配备有车轮，与只能在原地停留不能移动的"海盗号"着陆器不同，

携带"火星探路者号"发射的德尔塔火箭

"旅居者号"火星车可以在火星上行走。

"火星探路者号"是人类第一次尝试多项新技术的革新性太空任务。"火星探路者号"不是像"海盗号"那样将着陆器附在轨道器上运行，而是从一开始设计时就只由着陆器组成，计划在飞行到火星上空后穿过火星

大气层，然后直接着陆。

在火星表面着陆是一件非常困难的事，因为航天器在着陆时不能有任何一个部分发生故障或破损。为此，着陆器在到达火星表面附近时，要将它在穿越火星大气层时极快的速度迅速降下来，接近火星地表时几乎要完全停止才能让它在火星表面安全着陆。

为了能够安全着陆，将"火星探路者号"极快的飞行速度降下来是很重要的，科学家们为此问题苦恼了很久。

科学家们决定在着陆器上面装上降落伞，等到"火星探路者号"飞抵火星上空6～11千米、距离着陆2分钟时，放出降落伞，在降落伞的作用下迅速降低着陆器的速度。

人类第一辆火星车"旅居者号"

同时，科学家们还决定将着陆器装在一个巨大的气囊里，在到达火星表面上空约300米处，距离着陆8秒时，气囊在瞬间完成充气。气囊到达火星地表时，会在地面弹跳，然后开始滚动，直到有一片空地让它

稳定下来。静止之后，气囊将会放气，着陆器的保护罩打开并调整姿态，然后释放"旅居者号"火星车。

降落伞与保护气囊虽然都是首次尝试，但都获得了成功，让"旅居者号"火星车得以在火星上安全着陆。

"旅居者号"火星车装有车轮，可以在火星上四处行走，还可以用安装在前后两处的摄像头拍照。"旅居者号"火星车上装有太阳能电池板，通过太阳能电池就能获取日常活动所需的能量。"旅居者号"火星车在火星上拍摄了大量的照片并传送回地球，照片多到足有16 500张。

"旅居者号"火星车所做的并不只是拍摄照片传送回地球，除了摄像头以外，它上面还安装有用于探测火星大气气压、温度、风速等的装置，将此前人类不曾了解的火星表面温度、气压等探测结果也传送回了地球。

自此，我们知道了火星表面的样子，还有关于火星的各种信息。从"火星探路者号"开始，世界各地的科学家们尝试了非常多的火星探测任务。目前，在火星表面移动的火星车有2003年发射的"勇气号"和"机遇号"，2011年发射的"好奇号"，2020年发射的"毅力号"和"祝融号"。火星车的体积逐渐变大，设计也更加精密，因而能进行更多的实验。

这里是红色行星上的"双胞胎"漫游车，地球听到请回答

"火星探测漫游者"是2003年发射，并于2004年在火星表面着陆的太空任务，共发射了两辆外形一样的"双胞胎"火星探测漫游车（又称火星车），两辆火星车的名字分别是"勇气号"和"机遇号"，分别在火星的不同位置着陆，并负责在火星四处探测。

火星探测漫游车

这项任务的目的是探测火星表面的石块或沙子，并判断火星上是否有水。水是判断生命是否存在的重要依据，因此了解火星上是否有水，或是否曾经有水就尤为重要。两辆火星车的预期寿命为90天。

然而，90天后，"勇气号"和"机遇号"都还能够正常运转，并继续执行任

务。

　　直到2009年，"勇气号"陷入火星的沙地中，科学家们尝试了多种方法解救"勇气号"，但最终都失败了。被困在原地的"勇气号"相当于一部静态着陆器，仍然可以在原地进行有价值的科学研究。它与地面的通信联系坚持到2011年3月22日。2011年5月，科学家宣布不再尝试恢复与它的联系，"勇气号"任务终止。

　　但它的孪生兄弟"机遇号"仍然充满活力，在"勇气号"寿

命结束后，"机遇号"继续独自在火星上开展探测任务，并向地球传送照片和火星的各项信息。

2018年6月，一场巨大的沙尘暴袭击了火星，在那之后，"机遇号"与地球的通信被切断。科学家们在7个月内尝试联系"机遇号"800多次，都没有取得"机遇号"的回应。最终在2019年2月，NASA正式宣布"机遇号"任务结束。

"机遇号"的任务执行时间长达5 325天，远超预期的90天，总里程为45.16千米，向地球发送了224 642张照片，还发现了只有在有水的情况下才能生成的矿物质。这就是在达到预期时间——90天的几乎60倍的时间里，"机遇号"所完成的任务。

目前有名为"好奇号""毅力号""祝融号"的火星车和"洞察号"的着陆探测器在火星表面努力进行探测。中国、美

"好奇号"火星车

国、俄罗斯、日本、印度等，以及欧洲部分国家和组织都在进行后续火星探测任务。

也许在不远的将来，人类就可以登陆火星了。相信那一天不会太远，而到那时，我们看到的火星又会是什么样子呢？

首次小行星
取样——"隼鸟号"

勇敢飞往小行星

到目前为止，我们主要了解了NASA主导的各种太空任务。NASA和从苏联时期延续下来的俄罗斯联邦航天局是最先开始太空探险的机构，也是至今为止，规划和执行太空任务时间最长的机构。如今，越来越多的国家和组织在进行太空探索，多个国家和组织都开设了专门的航天机构，如欧洲航天局、中国国家航天局、日本宇宙航空研究开发机构、印度空间研究组织、韩国航空宇宙研究院等，以加快步伐进行太空研究。

其中，日本从20世纪50年代开始进行太空研究，从最开始的小型火箭到后来使用的"H2"系列运载火箭，正在一步步迈向太空深处，日本航天尤其以小行星探测任务闻名。

我们去过月球，去过太阳系的远方，去过火星，而这次还要去小行星。小行星是指漂浮在太空中的岩块，正如字面意思，小行星是比行星小很多的天体。小行星的主要成分是岩石、金属或两者的混合物，也是围绕着太阳运转，大部分小行星所运行的轨道介于火星和土星之间。太阳系内外漂浮着无数个小行星。小行星的大小不一，有很小的，也有相对比较大的。

科学家们为什么会对小行星感兴趣呢？那是因为小行星上携带有太阳系形成初期的原始物质，了解构成小行星的物质能够帮助我们推测太阳系在形成初期发生了什么，以及从形成到现在，太阳系发生了什么变化。地球周围有许多小行星，所以地球上的科学家们会担心这些小行星撞击地球，从而造成巨大的损失。

太空中的小行星

还好地球被包围在厚厚的大气层中，许多冲向地球的小行星在经过大气层时就燃烧殆尽了。但如果有一颗巨大的小行星撞向地球会怎么样呢？如果这颗小行星大到即使经过大气层并且燃烧了之后还是不能完全烧尽，会怎么样呢？那么，地球可能会因为小行星的撞击而遭受巨大的灾难。

显然，我们的科学家们并不会对此坐视不管的。为了防止小行星撞击地球，科学家们一直在追踪和观察漂浮在地球周围的小行星们的动向。

日本希望通过对小行星的探测，能够将小行星上的土壤带回地球进行成分分析，了解太阳系在形成初期发生了什么。现在我要向大家介绍小行星探测任务——日本的"隼鸟号"太空计划。隼鸟是一种有着尖尖的嘴和脚趾的鸟，2003年日本"隼鸟号"小行星探测器发射，并在到达小行星25143后返回地球。

与月球或是一般的行星等太阳系成员相比，小行星的体积要小得多。小行星25143的直径只有500米左右，而地球的直径约是12 756千米，大家可以比较一下，大概就能推测出小行星有多小了吧。单看直径，地球大概是它的25 500倍大，如果要比较体积的话，差距就更大了。由于小行星实在太小，小行星探测器要完成深空遥

"隼鸟号"小行星探测器

测、精确的定位和控制技术、微重力下的附着技术就更难了，所以说，去一趟小行星十分艰难，所有计算都必须要精确无误。

"隼鸟号"的目标是在抵达小行星25143后采集一些土壤带回地球。2003年，"隼鸟号"在日本由火箭运载发射升空，原计划执行为期4年的任务后于2007年返回地球。

但"隼鸟号"在采集了非常少量的小行星土壤后，直到2010年才返回地球，也就是说比预期多花了3年时间。这3年里，"隼鸟号"究竟发生了什么？

历经太空旅行中可能发生的所有失败

"隼鸟号"小行星探测器从地球出发飞往太空，在到达小行星25143的途中遇到了非常多的突发状况。首先是探测器的飞行姿态功能出现问题并导致无法节省燃料。我们前面讲过，太空任务中是无法携带大量燃料的，携带的燃料越多，发射所需的费用就越高，因此，科学家和工程师一般在设计阶段就会计算出携带的必要燃料量并节约使用。但"隼鸟号"出发还没多久，就已经无法节省燃料了。

"隼鸟号"就以这样不稳定的状态到达了小行星25143，接

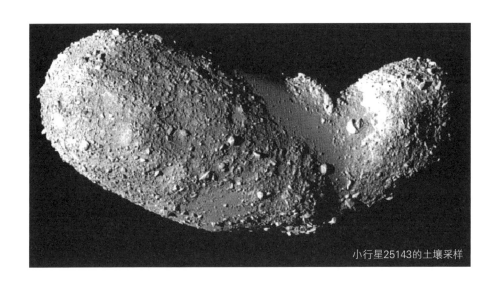

小行星25143的土壤采样

下来该执行任务——采集小行星25143表面的土壤了。科学家们原本的计划是让"隼鸟号"轻轻地将名为"密涅瓦"的着陆器发射到小行星25143表面，然后在"密涅瓦"采集到一些土壤后，再将其收回装载到"隼鸟号"上并带回地球。

但是"密涅瓦"竟然没能成功降落到小行星25143表面，它在登陆小行星25143时失踪了，这可怎么办呢？

科学家们想到了其他办法，他们决定：既然"密涅瓦"已经失踪，那么要采集小行星土壤就只能让"隼鸟号"直接降落在小行星25143表面。这其实是一个非常危险的做法。科学家们在设计"隼鸟号"时并没有考虑过要让它登陆，没有为此做过任何准备。但当时已经没有别的办法了，"是要就此宣告任务失败，还是即使危险也让'隼鸟号'直接登陆？"科学家们的选择是即使危险，也要尝试让"隼鸟号"登陆。

幸运的是，"隼鸟号"惊险地在小行星25143表面成功登陆并采集到了一点儿土壤。然而新的问题又出现了，"隼鸟号"在登陆过程中与小行星25143表面发生碰撞导致外壳破损，进而导致燃料罐发生泄漏。

这真是可怕的情况，"隼鸟号"要有燃料才能返回地球，但燃料却在泄漏！要返回地球还有很远的距离，科学家们通过反复

在澳大利亚上空抓拍到的"隼鸟号"

的计算，将起初规划的路线全部调整，充分利用现有的所有条件，终于找到了能够让"隼鸟号"回到地球的办法。

燃料正在泄漏，而3个轮子只剩1个可以正常运转，4个引擎也只有2个在工作，11块电池只剩7块可以使用，遍体鳞伤的"隼鸟号"终于在2010年到达了地球附近。要返回地球首先要穿过厚厚的大气层，但"隼鸟号"已经无法穿过大气层了。科学家们将"隼鸟号"采集的小行星土壤装进容器中，并用降落伞送回地球，而"隼鸟号"本体则在通过大气层时燃烧殆尽。

首次小行星采样的太空任务成功了。这个任务曾经有无数次可能失败的瞬间，让人感到惊心动魄。科学家们抱着一定要让"隼鸟号"返回地球的决心，在每次发生问题时都不放弃，积极寻找解决办法，最终成功让"隼鸟号"返回了地球。

或许这就是人类在太空探索中缓慢而一步一步前进的过程吧！我们经常会失败，但正是因为有不放弃的信念，才能完成我们曾经认为不可能完成的任务，才能对太空有进一步的了解。

坚持至终方知晓

作为首次对小行星进行物质取样并带回地球的探测器，加上刺激的冒险过程，"隼鸟号"任务的成功震惊了世界。

2014年，从地面发射升空的"隼鸟2号"于2019年在另一颗小行星"龙宫"上安全着陆，并成功采集了土壤和岩石。此外，探索小行星"法厄同"，以及曾经被人们认为是小行星的火星卫星火卫一（福波斯）和火卫二（戴摩斯）的任务已经开始，探索

木星附近小行星群"特洛
伊"的太空任务也在进行中。经过
多次失败，最终获得成功的"隼鸟号"，让这一切
任务成为可能。

女性科学家们是如何一路走来的

电影《隐藏人物》主要讲述了在20世纪60年代，3位黑人女性与让人震惊的种族偏见作斗争，最终在美国的航天计划中占有了一席之地。当时还没有发明出像现在这样的计算机，那么发射航天器时如何完成必要的计算呢？只能人工进行计算，主要由女性科学家负责这项工作。这些女性科学家在当时被称为"人体计算机"，是无法和男性科学家获得同等待遇的。这种差别待遇在美国不仅仅存在于男女之间，也存在于黑人和白人之间。

被称为"人体计算机"的女性科学家们虽然和男性科学家学习了同样的知识，也拥有同等的能力，却遭受差别待遇。但她们没有就此止步，而是

坚持在自己的岗位上完成自己擅长的事情，并争取机会不断证明自己的能力。

  现在无论在世界什么地方，无论是哪个科学领域，即使其从业人数不多，也都能轻易找到女性科学家的身影。目前航空航天领域的女性科学家虽然还不多，但也在慢慢增长，许多女性科学家在努力进行航空航天研究。

  可能我们在媒体上看到的科学家主要是男性科学家，因此很多人会认为学习科学的主要是男性，其实不然。在科学研究的前沿领域，也有无数的女性科学家在努力着，愿喜欢科学的你可以自由地去做自己想做的事情。

太空时代全面
开启，挑战仍在继续

迈向航天强国的中国和日本

太空任务起初是由苏联和美国两个国家主导的，但人类对宇宙的向往并不只是这两个国家特有的。20世纪70年代后，许多国家都开始涉足太空研究，首先我们来讲一讲短时间内就取得惊人成就的中国。

中国负责航天领域相关研究的政府研究机构称为中国国家航天局，成立于1993年。中国在过去的几十年里，在航天领域取得了惊人的发展成果。

2003年，中国发射了第一艘载人航天飞船——"神舟五号"到近地轨道，将航天员杨利伟送入了太空，成为继苏联和美国之后，第三个有能力独自将人类送上太空的国家。

18年后，2021年4月29日，中国空间站"天宫"的首个组成部分，也是可供航天员长期驻留的"天和"核心舱发射成功，中国载人航天进入"空间站时代"。2021年6月17日，中国空间站的首批航天员聂海胜、刘伯明、汤洪波搭乘"神舟十二号"载人飞船从地面发射升空，成为中国空间站的"第一批住客"，2021年9月17日，3名航天员成功返回地面。2021年10月16日，第二批航天员搭乘"神舟十三号"载人飞船从地面发射升空，进驻中国空间站并开启为期6个月的太空生活。

中国还开展了"嫦娥工程"进行月球探测。2013年，"嫦娥三号"探测器携带的"玉兔号"月球车成功在月球表面着陆。2019年，"嫦娥四号"探测器完成人类探测器首次月球背面软着陆。2020年12月17日，"嫦娥五号"探测器的返回器携带来自月球的岩石和土壤返回地球，实现月球采样。

此外，中国还开展了探测火星的工程。2020年7月23日，中国发射了"天问一号"火星探测器，2021年5月22日，"天问一号"火星探测器上的"祝融号"火星车成功驶上火星表面，开始巡视探测。

　　中国的惊人发展是可预测的。20世纪60年代，中国就已经开始研发长征系列运载火箭。中国已经发展成为能与美国和俄罗斯并肩的航天强国，并且至今仍然在太空研究中投入大量的人力和资金。同时，中国航天将目光投向广阔的世界，积极开展航天国际交流与合作。

日本的太空研究主要通过日本宇宙航空研究开发机构进行。日本从20世纪50年代就开始了太空研究，现在已经是太空研究强国了。正如前文中所说，从最开始的小型火箭到后来使用的"H2"系列运载火箭，日本正在迈向太空深处。日本最具代表性的太空任务就是前文中介绍过的"隼鸟号"小行星探测器。日本也是少数几个可以独立去往太空的国家之一，现在也还在为了火星探测及载人航天步履不停地努力着。

欧洲和韩国

1975年，欧洲航天局成立，成员国共有22个，分别是法国、德国、意大利、西班牙、英国、比利时、丹麦、荷兰、瑞典、瑞士、爱尔兰、挪威、奥地利、芬兰、葡萄牙、希腊、匈牙利、波兰、罗马尼亚、爱沙尼亚、卢森堡和捷克。欧洲除了这个联合运营的航天机构外，各国也有自己独立的航天机构，其中最具代表性的是德国航空太空中心。欧洲航天局与NASA维持着紧密的合作关系，并共同参与了许多太空任务。

欧洲航天局的运载火箭名为"阿丽亚娜"，执行了多项太空任务，包括2004年的"罗塞塔号"彗星探测任务、2005年的"金星快车号"金星探测任务、2016年的"火星太空生物"项目，以及2018年的"贝皮科伦布号"水星探测任务。欧洲航天局也在和欧洲以外的其他国家积极合作，还制订了火星载人探测等多项计划。

韩国于1989年成立了韩国航空宇宙研究院。韩国航空宇宙研究院是韩国太空研究的核心机构，通过"千里眼号"卫星、"阿里郎号"卫星和"科学技术号"卫星的成功发射积累了一定经验。韩国也在运载火箭、卫星发射及月球探测方面做出积极努

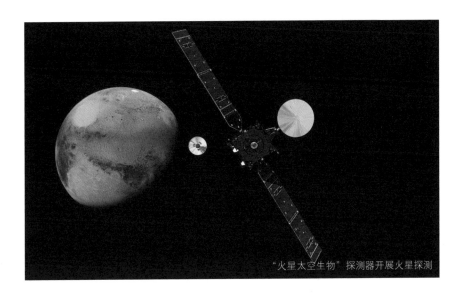

"火星太空生物"探测器开展火星探测

力。

正如前文中提到的，运载火箭是目前去往太空的唯一运输工具，能自主完成太空任务的国家都拥有自主研发的运载火箭。

由于火箭研发技术的敏感性，各国之间一般不会相互告知或者转让。一个想要发展航天事业的国家，如果没有自主掌握运载火箭的研发技术，就只能从最基础的研究开始积累经验；如果一定要立刻发射航天器，就只能花费巨额的费用来进口其他国家的运载火箭。韩国目前的人造卫星就是以这种方法发射的。

韩国于1996年正式开始推进太空研究，并制订了运载火箭研发计划，致力于实现运载火箭的自主研发。在合作伙伴俄罗斯的帮助下，韩国也十分注重技术的自主化。2013年1月，韩国首枚运载火箭"罗老号"成功进入太空轨道。"罗老号"运载火箭是长33.5米、重140吨的二级火箭。通过"罗老号"运载火箭,韩国成功让重100千克的小型卫星进入了近地轨道。"罗老号"运载火箭发射于韩国首个发射场——罗老航天中心。在"罗老号"运载火箭的经验基础上,韩国目前正在研发重达200吨左右的名为"NOORI号"运载火箭,该项目研究费用巨大,目标是将1.5吨的卫星发射到近地轨道。除了研发运载火箭,韩国也在计划卫星发射及月球探测。

在浩瀚的宇宙面前,人类是如此的渺小。尽管如此,在过去几十年间,人类通过各种太空任务对太空有了更多的了解。如今,我们仍然对宇宙有着无限的好奇,所以人类还在进行许许多多的太空任务,一步一步迈向深空。

请大家一起来踏上这精彩的冒险之旅,只要小朋友们还对宇宙心怀梦想和好奇,那么,我们的太空之旅就永远不会结束。

图片版权